KB130612

4권

문제 해결

안녕!
나는 로직이야.

그리고 나는 트릭!

차 례

자릿값 문제

1 다음 네 자리 수를 읽어 보세요.

4506

기억하자!
각 자리마다 숫자가 나타내는 수가 달라요.
수를 읽을 때는 자릿값을 포함하여 읽어요.

1 이 수에서 5는 얼마를 나타내나요?

2 이 수에 10을 더한 수를 쓰세요.

2 다음 표가 나타내는 수는 무엇인가요?

백의 자리	십의 자리	일의 자리	0.1의 자리
100 100	10 10	1 1	0.1 0.1 0.1
100	10 10		0.1 0.1

3 1이 6개, 0.1이 5개인 수를 10으로 나눈 수는 무엇일까요? 알맞은 것을 모두 찾아 ◯표 하세요.

65   0.1이 6개, 0.01이 5개인 수   0.65   6.5   10이 6, 1이 5인 수

4 자동차 장난감이에요. 빈칸에 가격이 비싼 자동차부터 순서대로 가격을 쓰세요.

26050원   25600원   26425원   25725원

5 트릭은 소수 세 자리 수를 썼어요.

427569.381

1 천의 자리 숫자를 쓰세요.

2 소수 셋째 자리 숫자를 쓰세요.

> 소수 셋째 자리는 소수점 아래 세 번째에 있는 숫자야.

6 10, 100, 1000을 더하거나 빼며 다음 문제를 풀어 보세요.

기억하자!
10, 100, 1000 등은 10을 1번 이상 곱하여 나오는 수예요.

1 농장에 359마리의 양이 있어요. 농부가 100마리를 더 데려왔어요. 양은 모두 몇 마리인가요?

2 사미는 10씩 거꾸로 뛰어 세기를 했어요. 잘못된 것에 ◯표 하세요.

45075   45065   45155   45045   45035

3 표의 빈칸에 알맞은 수를 쓰세요.

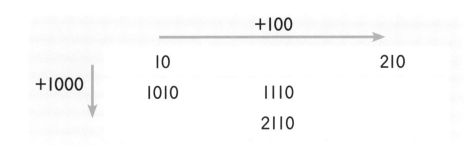

```
                            +100
                  ┌──────────────────────────→
                  10                        210
       +1000 ↓
                 1010        1110
                             2110
```

4 캐머런이 어떤 수에 1000을 더하고 100을 뺐어요. 또 10을 더하고 1000을 뺐어요. 그랬더니 509250이 되었어요. 처음 수는 무엇인가요?

5 수를 차례로 더하거나 빼어 다음 표를 알맞게 채우세요.

시작 →	더하기 10 →	더하기 100 →	더하기 1000
7009			
89220			

시작 →	빼기 10 →	빼기 100 →	빼기 1000
550312			
10087			

잘했어!

칭찬 스티커를 붙이세요.

체크! 체크!
10, 100, 1000을 더하거나 뺄 때 올바른 자리의 숫자가 변하는지 확인했나요? ☐

문제를 다 푼 다음, 32쪽으로!

음수와 반올림 문제

1 트릭이 수직선의 수를 몇 개 빠뜨렸어요.
수직선의 빈칸에 알맞은 수를 쓰세요.

기억하자!
음수는 0보다 작은 수예요. 음수는 수의 앞에
'−' 기호를 붙여 나타내요.

←——┼——┼——┼——┼——┼——┼——┼——┼——┼——┼——┼——┼——→
　　−7　　　　　−5　−4　　　　　−2　　　　　　　　　1　　　　3

2 규칙을 찾아 잘못된 수에 ◯표 하고 바르게 고쳐 쓰세요.

1　4　2　0　−1　−4　−6　−8　　바르게 고치면? ☐

2　−10　−7　−4　0　2　5　8　　바르게 고치면? ☐

3 로직은 아침과 저녁의 바깥 온도를 쟀어요.

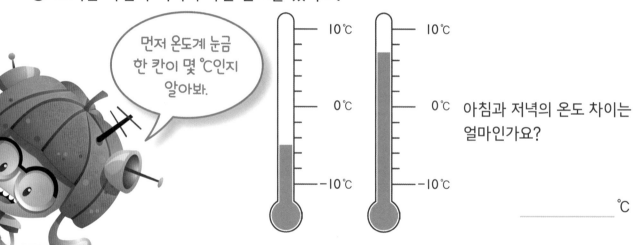

먼저 온도계 눈금
한 칸이 몇 ℃인지
알아봐.

10℃　　10℃

0℃　　0℃　아침과 저녁의 온도 차이는
얼마인가요?

−10℃　　−10℃

_____℃

4 다음 수를 작은 수부터 차례대로 쓰세요.

34　　−27　　−15　　0　　26　　−23

☐ ☐ ☐ ☐ ☐ ☐

5 수직선의 빈칸에 알맞은
수를 쓰세요.

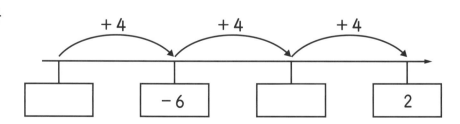

+4　　+4　　+4

☐　　−6　　☐　　2

6 다음 문제를 풀어 보세요.

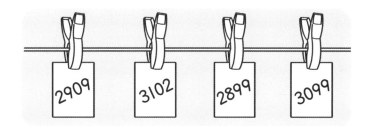
기억하자!
반올림은 0, 1, 2, 3, 4이면 버리고
5, 6, 7, 8, 9이면 올려요.

1 루시는 두 자리 수를 생각하고 있어요. 이 수를 일의
자리에서 반올림했더니 90이 되었어요. 루시가 생각한 수가
될 수 있는 수를 모두 쓰세요.

_____

2 빨랫줄의 수 중 3000에 가장 가까운
수는 무엇인가요?

2909   3102   2899   3099

_____

3 빨랫줄의 세 번째 수를 반올림하여 백의 자리까지 나타내세요. _____

4 다음 무게를 반올림하여 일의 자리까지 나타내세요.

무게	5.1 kg	0.92 kg	7.05 kg	3.5 kg
반올림하여 일의 자리까지				

5 아미르는 항아리에서 공 두 개를 꺼내 두 수를 더했어요. 그리고 그 수를 반올림하여
백의 자리까지 나타내었더니 200이었어요.

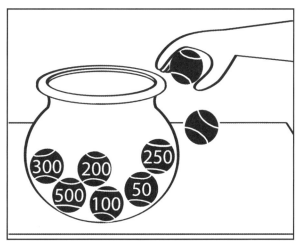

300   200   250   500   50   100

아미르가 꺼낸 공은 무엇과 무엇인가요?

      과

잘했어!

칭찬 스티커를
붙이세요.

체크! 체크!
반올림할 때 올바르게 버리거나 올렸나요?   ☐

문제를 다 푼 다음, 32쪽으로!

덧셈 문제

1 빈칸에 알맞은 수를 쓰세요.

천	백	십	일
3		5	7
+	5	1	2
5	9	6	

소수점을 올바른 위치에 찍었는지 확인해 봐.

2 톰의 집에서 할머니 댁까지는 35.16km이고 할머니 댁에서 병원까지는 32.81km예요. 톰이 집에서 할머니 댁에 갔다가 병원까지 갔다면 이동한 거리는 모두 얼마인가요?

3 참인지, 거짓인지 알맞은 것에 ◯표 하세요.

1 3245 + 100 = 3345이고, 3245 + 500 = 3845예요.   참   거짓

2 390 + 20 = 410이고, 380 + 30 = 410이에요.   참   거짓

3 8108 + 800 = 8908이고, 8108 + 900 = 9108이에요.   참   거짓

4 숫자 카드 스티커를 사용하여 합을 가능한 한 100에 가깝게 만드세요. 빈칸에는 합을 쓰세요.

5 계산 결과를 비교하여 빈칸에 <, > 또는 =를 쓰세요.

3149 + 3223 ⬚ 3638 + 2833

기억하자!
이러한 문제를 해결하려면 두 개 이상의 계산을 해야 해요.

받아올림에 주의하며 세로셈으로 계산해 봐.

6 직사각형 모양의 수영장이 있어요.
가로가 16.25m, 세로가 12.50m라면
수영장의 둘레는 얼마인가요?

⬚

7 오티스와 엘로이즈는 다트 게임을 했어요. 두 사람의 점수가 다음과 같다면 두 사람의 점수의 합계는 얼마인가요?

오티스

엘로이즈

⬚

8 트럭이 첫 번째 주에는 1253km, 두 번째 주에는 932km, 세 번째 주에는 918km를 달렸어요. 모두 얼마나 달렸나요?

⬚

잘했어!

칭찬 스티커를 붙이세요.

체크! 체크!
답에 단위를 올바르게 썼는지 확인하세요. ⬚

문제를 다 푼 다음, 32쪽으로!

뺄셈 문제

기억하자!
계산하기 전에 문제를 두 번 읽으면 질문을 완전히 이해할 수 있어요.

1 TV 가격은 원래 949000원이에요. 다음과 같이 가격이 인하된다면 TV는 얼마인가요?

220000원 깎아 드려요

2 로직은 빗물 1256mL를 모았어요. 날씨가 더워 빗물이 증발하고 521mL가 남았어요. 증발한 빗물은 몇 mL인가요?

3 데니스는 59.34와 17.62의 차를 구하려고 해요. 그런데 계산하다가 몇 가지 실수를 했어요. 올바르게 계산하여 알맞은 답을 구하세요.

소수 둘째 자리부터 실수한 것 같은데……

	십	일	0.1	0.01
어림값	4	0 .	0	0
	5	$\cancel{5}^{10}$.	3	4
−	1	7 .	6	2
	4	2 .	7	6

데니스의 뺄셈

	십	일	0.1	0.01
어림값				
−				

바르게 계산하기

4 트릭은 네 자리 수의 뺄셈을 해요.
두 수의 차는 2222예요. 빼어지는 수의
각 자리의 숫자는 모두 같고 홀수예요.
빼는 수의 각 자리의 숫자도 모두 같고
홀수예요. 가능한 4쌍의 네 자리 수의
뺄셈을 써 보세요.

기억하자!
가장 효율적인 계산 방법을 찾으세요.
때로는 세로셈이 더 느릴 때도 있어요.

뺄셈을 사용하여
이런 재미있는 퍼즐을
풀 수 있어.

$$\begin{array}{r} \Box\Box\Box\Box \\ -\ \Box\Box\Box\Box \\ \hline 2\ \ 2\ \ 2\ \ 2 \end{array}$$

$$\begin{array}{r} \Box\Box\Box\Box \\ -\ \Box\Box\Box\Box \\ \hline 2\ \ 2\ \ 2\ \ 2 \end{array}$$

$$\begin{array}{r} \Box\Box\Box\Box \\ -\ \Box\Box\Box\Box \\ \hline 2\ \ 2\ \ 2\ \ 2 \end{array}$$

$$\begin{array}{r} \Box\Box\Box\Box \\ -\ \Box\Box\Box\Box \\ \hline 2\ \ 2\ \ 2\ \ 2 \end{array}$$

5 달리기 경주에서 프리야의 기록은
47.54초이고 오스카의 기록은
프리야보다 1.32초 빨랐어요.
또 홀리는 경주에서 승리했는데
기록은 오스카보다 2.91초 빨랐어요.
홀리의 기록은 얼마인가요?

홀리
-2.91초

오스카
-1.32초

프리야
47.54초

결승선

잘했어!

칭찬 스티커를
붙이세요.

체크! 체크!
계산하기 전에 어림해 보았나요? □

문제를 다 푼 다음, 32쪽으로!

덧셈과 뺄셈 문제

1 자선 단체에 505000원이
있었어요. 여기에 145000원의
기부금이 들어왔고 그런 다음
237000원을 썼어요. 자선 단체는
현재 얼마의 돈을 가지고 있나요?

기억하자!
먼저 더하거나 뺄 필요가 있는지 결정하세요.

2 해리엇은 1840mm 길이의 천 조각이 필요해요. 다음과 같은 천 조각 두 개가 있어서
이 두 조각을 이어 붙여 사용한다면 이어 붙인 후 얼마만큼 잘라 내야 하나요?
단, 겹치는 부분은 없어요.

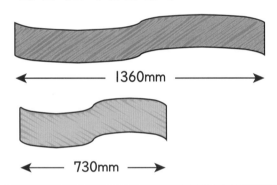

←——— 1360mm ———→

←— 730mm —→

3 7536명의 관중들이 축구 경기를 보기
위해 도착했어요. 그런데 경기가 지연되어
3130명이 떠났어요. 잠시 후 경기가
시작되어 2288명이 다시 돌아왔다면
남아 있는 관중은 모두 몇 명인가요?

4 두 대의 기차가 같은 목적지로 이동해요.
중간에 멈추지 않고 달린 기차가 몇 분 더 빠른가요?

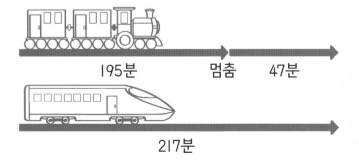

195분   멈춤   47분

217분

5 스포츠 팀이 1회전 경기에서 6192점을
얻고 2회전 경기에서 461점을 잃었어요.
3회전에서는 2915점을 얻었다면 최종
점수는 얼마인가요?

6 알파벳 게임이에요. 각 알파벳에 점수가 있어요.
A는 1점, B는 5점 … Z는 9점이에요.

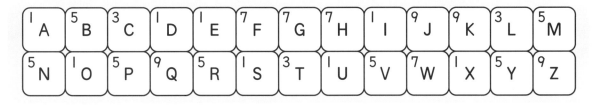

1 바비는 SQUEEZED라는 단어의 점수와
JAZZILY라는 단어의 점수를 얻었어요.
두 단어의 점수의 합은 얼마인가요?

2 지나는 QUIZZED라는 단어의 점수를
얻었다가 AMAZING이라는 단어의 점수를
잃었어요. 지나의 점수는 얼마인가요?

7 찰리가 어떤 네 자리 수에서 세 자리 수를 뺀 다음 두 자리 수를 더했더니 999가
되었어요. 찰리가 사용한 수는 10단 곱셈의 값은 아니에요. 찰리가 한 계산을 찾아 빈
칸에 알맞은 수를 쓰세요. 방법은 여러 가지가 있을 수 있어요.

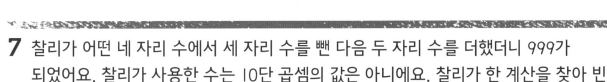

10단 곱셈의 값은 모두
마지막 숫자가 0이야.

칭찬 스티커를
붙이세요.

체크! 체크!
답을 잘 찾았나요? 질문을 다시 읽고 답이
타당한지 다시 한번 확인하세요. ☐

문제를 다 푼 다음, 32쪽으로!

곱셈 문제

1 접시 하나에 방울토마토가 8개씩 있어요. 이런 접시가 여섯 개 있다면 방울토마토는 모두 몇 개인가요?

기억하자!
6단, 7단, 9단, 11단, 12단 곱셈을 이용하여 문제를 풀어 보세요.

2 반일은 12시간이에요. 5일은 몇 시간인가요?

3 오른쪽 정칠각형의 둘레는 얼마인가요?

9 cm

4 다음 직사각형의 넓이는 얼마인가요?

직사각형의 넓이는 가로의 길이와 세로의 길이를 곱해서 구해.

11 cm

12cm

5 아바는 "9×8은 11×7보다 커."라고 말해요. 이 말이 참인가요, 거짓인가요? 알맞은 것에 ○표 하세요.

참   거짓

6 6의 배수이면서 9의 배수이고 또 12의 배수인 수를 찾아 ○표 하세요.

18   36   74

7 상자 한 개의 무게는 700g이에요. 상자 5개의 무게는 얼마인가요?

8 다음 문제를 풀어 보세요.

1 덱스터가 21cm짜리 끈을 겹치지 않게 9개 연결했어요. 끈의 길이는 모두 얼마일까요?

백 십 일

어림값

×
_____

2 에이미가 일기를 써요. 한 줄에 17단어씩 7줄을 썼어요. 에이미가 쓴 단어는 모두 몇 개인가요?

백 십 일

어림값

×
_____

올림이 있으면 올바른 줄에 올린 수를 정확하게 써야 해.

3 디나는 매주 312km를 여행해요. 6주 동안 여행한 거리는 얼마인가요?

천 백 십 일

어림값

×
_____

4 책 한 권의 무게는 329g이에요. 책 9권의 무게는 얼마인가요?

천 백 십 일

어림값

×
_____

칭찬 스티커를 붙이세요.

체크! 체크!
올림을 바르게 했나요? ☐

잘했어!

문제를 다 푼 다음, 32쪽으로!

나눗셈 문제

1 루크가 54개의 과자를 가지고 있어요. 이것을 6명의
친구들에게 똑같이 나누어 주었어요. 한 친구에게
몇 개씩 주었나요?

기억하자!
6단, 7단, 9단 곱셈을 이용하여
나눗셈을 해 보세요.

_____

2 던컨은 일주일에 35km를 걸었어요.
하루에는 얼마나 걸었나요?

_____

매일
같은 거리를
걸었어.

3 72m 길이의 끈이 있어요. 자라는 이 끈을 9등분했어요.
한 조각의 길이는 얼마인가요?

_____

4 6과 9로 나눌 수 있는 수에 ○표 하세요.

56   39   18

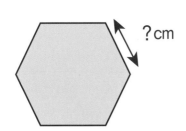

?cm

5 왼쪽 정육각형의 둘레는 42cm예요. 이 정육각형의
한 변의 길이는 얼마인가요?

_____

6 감기약이 108mL 있어요. 이것을 9일 동안 똑같은 양만큼 나누어 먹어야 해요.
하루에 감기약을 얼마나 먹어야 하나요?

_____

7 96명의 어린이를 12개의 팀으로 나눴어요.
한 팀의 어린이는 몇 명인가요?

8 코너는 "111을 11로 나누면 11이야."라고 말했어요.
이 말이 참인지, 거짓인지 알맞은 것에 ◯표 하세요.

11단, 12단 곱셈을 이용하여 문제를 풀어 봐.

참   거짓

9 농장에 1100마리의 양이 있어요. 이 양들을 11개의 우리에 똑같이 나누어 들어가게
했어요. 우리 하나에 몇 마리의 양이 들어갔을까요?

10 조지는 132개의 컬러 펜을 친구들에게 나누어 주려고 해요. "나는 11명의 친구에게
각각 12개의 펜을 주거나 12명의 친구에게 각각 11개의 펜을 줄 수 있어."라고 말했어요.
이 말이 참인지, 거짓인지 알맞은 것에 ◯표 하세요.

참   거짓

11 600명이 마라톤에 참가해요. 참가한 사람들을 12개의 조로 나눴어요. 한 조에는
몇 명이 있나요?

12 시안은 밀가루 1440g을 12개의 봉지에 똑같이 나누어 담은 다음 한 봉지의 밀가루를
다시 6개의 그릇에 똑같이 나누어 담았어요. 그릇 하나에 담긴 밀가루는 얼마인가요?

칭찬 스티커를
붙이세요.

체크! 체크!
곱셈을 잘 활용하였나요?

문제를 다 푼 다음, 32쪽으로!

측정 문제 (1)

1 엘리는 키가 128cm이고 엘리의 동생은 키가 95cm예요. 엘리는 동생보다 키가 얼마나 더 큰가요?

기억하자!
이 페이지의 문제는 하나의 계산만 하면 돼요.

2 한 병에 750mL의 복숭아 음료가 들어 있어요. 병 네 개에는 몇 L의 복숭아 음료가 들어 있나요?

1000으로 나눠서 답을 L로 바꾸는 것을 잊지 마.

3 런던에서 리즈까지는 350km이고 리즈에서 인버네스까지는 589km예요. 런던에서 인버네스까지의 거리는 얼마인가요?

인버네스

리즈

런던

4 바나나 8개의 무게는 720g이에요. 바나나 한 개의 무게는 얼마인가요?

5 나오미의 차 길이는 4342mm이고 아빠의 차 길이는 $4\frac{1}{2}$ m예요. 두 차를 범퍼끼리 닿도록 한 줄로 주차했다면 두 차의 길이는 모두 몇 mm인가요?

분수의 계산이 포함된 문제네.

6 이 직사각형의 가로의 길이는 세로의 길이의 3배예요. 이 직사각형의 둘레는 몇 cm인가요?

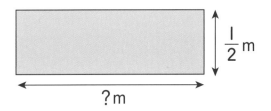

$\frac{1}{2}$ m

? m

7 스티브의 강아지 몸무게는 27kg 275g이고 멜리사의 강아지 몸무게는 $14\frac{1}{4}$ kg이에요. 두 강아지의 몸무게는 모두 몇 kg 몇 g인가요?

잘했어!

칭찬 스티커를 붙이세요.

체크! 체크!
먼저 어림하여 계산해 보았나요? ☐

문제를 다 푼 다음, 32쪽으로!

측정 문제 (2)

1 아담의 정원은 길이가 43.21m이고 칼의 정원은 길이가 78.58m예요. 두 정원의 총 길이는 몇 m인가요?

기억하자!
답을 쓸 때 소수점을 올바른 위치에 찍으세요.

2 느린 기차는 한 시간에 24.4km를 가고 빠른 기차는 같은 시간에 4배 더 멀리 가요. 빠른 기차는 한 시간에 몇 km를 가나요?

3 양동이에 1.810L의 물이 들어 있었어요. 조슈아가 0.605L를 버렸어요. 양동이에 남아 있는 물은 몇 L인가요?

4 공 9개의 무게는 0.99kg이에요. 공 한 개의 무게는 몇 g인가요?

0.99kg은 몇 g일까?

5 어떤 빌딩의 높이가 0.829km이고 그 옆에는 이보다 0.353km
더 낮은 빌딩이 있어요. 낮은 빌딩의 높이는 몇 m인가요?

_____

6 꽃 12송이로 만든 꽃다발의 무게가 1.44kg이에요.
꽃 한 송이의 무게는 몇 g인가요?

_____

7 양동이에는 1200mL의 물을 담을 수 있어요. 큰 통에 물을 가득 채우려면 양동이
일곱 개가 필요해요. 큰 통에는 몇 L의 물을 담을 수 있나요?

8 비행기가 파리에서 암스테르담까지 430.19km를 비행했어요.
그런 다음 하노버까지 또 328.85km를 비행했어요.
마지막으로 베를린까지 239.65km를 더 비행했다면
비행기가 비행한 거리는 모두 얼마인가요?

_____

9 프레드의 새끼 고양이 무게는 0.364kg이고 거북이 무게는 새끼 고양이 무게의
절반이에요. 또 햄스터 무게는 거북이 무게의 절반이라면 햄스터의 무게는
몇 g인가요?

칭찬 스티커를
붙이세요.

문제를 다 푼 다음, 32쪽으로!

화폐 문제 (1)

기억하자!
먼저 어림하여 계산해 보고 실제 계산과
비교해 보세요.

통장
173000원

상금
750000원

지갑
17000원

문제를 순서대로
잘 풀어 봐.

1 자스민은 글쓰기 대회에서 우승했어요.
상금을 통장에 넣었어요. 지금 자스민의
통장에는 얼마가 있나요?

2 자스민은 자전거 3대를 사려고 해요.
얼마가 필요한가요?

자전거: 249000원

3 자스민은 통장의 돈에서 자전거값을
지불했어요. 통장에는 얼마가 남았을까요?

4 자스민은 통장에 남아 있는 돈의 $\frac{1}{4}$을
지갑에 넣었어요. 지갑에 있는 돈은
얼마인가요?

5 다음 문제를 풀어 보세요.

놀이공원 입장료
32000원

새 핸드폰
1099000원

스쿠버 다이빙 체험
253000원

쇼핑 쿠폰
67000원

1 자이나브의 이모는 459000원을 가지고
있었는데 놀이공원 입장료 아홉 장을
샀어요. 남은 돈은 얼마인가요?

_____

2 라일리 씨는 놀이공원 입장료를 사고 놀이공원에서
29000원을 썼어요. 그런데 핸드폰을 잃어버려서 새로운
것을 샀어요. 라일리 씨가 오늘 쓴 돈은 모두 얼마인가요?

_____

3 레오프릭 부인은 1770000원을 가지고 있었어요.
이 돈으로 열 명의 조카에게 쇼핑 쿠폰을 사서 주고
나머지 돈도 똑같이 나누어 주었어요. 조카 한 명이 받은
돈은 얼마인가요?

_____

4 올라는 스쿠버 다이빙을 하고 싶어
해요. 지갑에 104000원과 두 장의
쇼핑 쿠폰을 가지고 있어요. 올라가
스쿠버 다이빙을 하려면 얼마가
더 필요한가요?

칭찬 스티커를
붙이세요.

_____

21

문제를 다 푼 다음, 32쪽으로!

화폐 문제 (2)

기억하자!
덧셈, 뺄셈, 곱셈, 나눗셈 중 어떤 계산을 해야 할지 결정하세요. 그런 다음 받아올림, 받아내림, 올림에 주의하며 계산해 보세요.

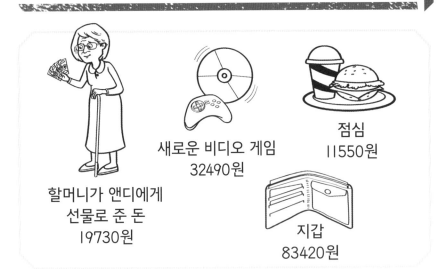

새로운 비디오 게임
32490원

점심
11550원

지갑
83420원

할머니가 앤디에게
선물로 준 돈
19730원

순서대로
잘 풀어 봐.

1 할머니가 앤디에게 선물로 돈을 주었어요.
이 돈으로 앤디는 점심값을 냈어요.
거스름돈으로 얼마를 받아야 하나요?

2 앤디는 거스름돈을 지갑에 넣었어요.
앤디의 지갑에는 얼마가 있나요?

3 앤디는 새로운 비디오 게임 세 개를 사고
싶어 해요. 새로운 비디오 게임 세 개는
얼마인가요?

4 앤디는 새로운 비디오 게임 세 개를 사기 위해
얼마가 더 필요한가요?

5 다음 문제를 풀어 보세요.

1 자말은 97560원을 가지고 있었어요.
스케이트보드를 사는 데 38500원을 쓰고
새로운 옷을 사는 데 35620원을 썼어요.
남은 돈은 얼마일까요?

---

2 사피타란 부인은 가족 휴가에 쓰기 위해
950000원을 가지고 있어요. 먼저 한 장에
210500원인 비행기 티켓을 네 장 샀어요.
남은 돈은 얼마인가요?

---

3 솔은 자선 단체에 기부하기 위해 63240원을
모았고 솔의 친구 핀은 37260원을 모았어요.
둘이 모은 돈을 다섯 개의 자선 단체에
똑같이 기부하려고 해요. 각 자선 단체에
얼마씩 기부하게 될까요?

---

4 사라는 책 사는 데 6990원, 청바지 사는 데
25500원, 보석 공예 키트를 사는 데
13350원을 썼어요. 모두 얼마를 썼나요?

체크! 체크!
답에 화폐 단위(원)를 사용했나요? 덧셈, 뺄셈, 곱셈,
나눗셈 중 알맞은 계산을 골라 했나요?

칭찬 스티커를
붙이세요.

문제를 다 푼 다음, 32쪽으로!

시각과 시간 문제 (1)

1 빈칸에 <, > 또는 =를 알맞게 쓰세요.

기억하자!
하루는 24시간, 1시간은 60분,
1분은 60초예요.

1 4일 ☐ 80시간

2 180초 ☐ 3분

3 360분 ☐ 7시간

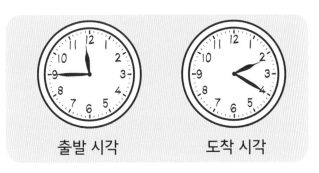

시간, 분, 초와 관계된 문제야.
관계를 잘 생각해서 풀어 봐.

2 루이스가 기차로 여행해요. 루이스의
여행은 몇 시간 몇 분 걸렸나요?

_____ 시간 _____ 분

출발 시각   도착 시각

3 참인지, 거짓인지 알맞은 것에 ◯표 하세요.

1 $2\frac{1}{2}$일은 60시간이에요.   참   거짓

2 10분은 6000초예요.   참   거짓

3 12시간은 720분이에요.   참   거짓

오전 시각의 시에
12를 더하면 오후 시각을
24시 시각으로
나타낼 수 있어.

4 아이샤가 오전에 시계를 보았더니 다음과 같았어요.
7시간 50분 후에 치과 예약이 있어요. 치과 예약
시각을 24시 시각으로 나타내세요.

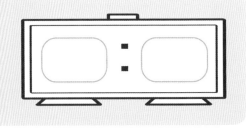

5 바늘 시계의 시각을 디지털시계의 시각으로 바르게 나타낸 것을 두 개 찾아 색칠하세요.

바늘 시계에는 오전과 오후 표시가 따로 없어.

6 다음은 버스 시간표예요.

목적지	출발 시각
뉴턴	14 : 15
서니빌	16 : 35
롱베이	17 : 40
로즈버리	19 : 10

아론은 오후 이 시각에 버스 정류장에 도착했어요.

1 뉴턴행 버스는 얼마나 오래전에 출발했나요?

_____ 시간 _____ 분

2 아론은 롱베이에 가는 버스가 도착할 때까지 얼마나 기다려야 하나요?

_____ 시간 _____ 분

3 롱베이까지 버스로 50분 걸려요. 아론은 몇 시에 도착할까요?

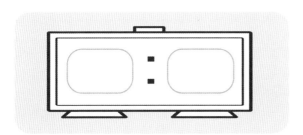

잘했어!

칭찬 스티커를 붙이세요.

체크! 체크!
24시 시계를 올바르게 사용했나요?

문제를 다 푼 다음, 32쪽으로!

시각과 시간 문제 (2)

1 다음 시간들을 가장 긴 시간부터 순서대로 쓰세요.

> **기억하자!**
> 1주일은 7일, 1년은 52주 또는 365일이에요.

12주	1년	14개월	360일

[   ] > [   ] > [   ] > [   ]

---

2 트릭은 전 세계를 26주 3일 동안 여행했고 로직은 200일 동안 여행했어요.
로직은 트릭보다 며칠 더 많이 여행했나요?

_____ 일

---

3 오늘은 8월 15일이에요.

1 프랭키의 생일은 다음 달 첫 번째 수요일이에요.
프랭키의 생일은 몇 월 며칠인가요?

_____

2 프랭키의 생일까지 며칠 남았나요?

_____

8월						
일	월	화	수	목	금	토
				1	2	3
4	5	6	7	8	9	10
11	12	13	14	15	16	17
18	19	20	21	22	23	24
25	26	27	28	29	30	31

---

4 참인지, 거짓인지 알맞은 것에 ◯표 하세요.

1 윤년에는 366일이 있어요.   참   거짓

2 8주는 58일이에요.   참   거짓

3 4월, 5월, 6월에는 모두 90일이 있어요.   참   거짓

> 이 사실을 외워 두면 도움이 될 거야.

> 4월, 6월, 9월, 11월은 30일까지 있고,
> 나머지 달은 모두 31일까지 있어요. 2월만 제외하고요.
> 2월은 28일까지 있고 윤년에는 29일까지 있어요.

5 오늘은 3월 15일 금요일이에요.

1 2주 후 날짜는 몇 월 며칠인가요?

_____

2 3월 마지막 날은 무슨 요일인가요?

_____

6 다음은 10년 동안의 윤년을 보여 주는 달력이에요.

연	윤년/평년
2011	평년
2012	윤년
2013	평년
2014	평년
2015	평년

연	윤년/평년
2016	윤년
2017	평년
2018	평년
2019	평년
2020	윤년

기억하자!
필요하면 아래 모눈을 사용하세요.

1 윤년은 몇 년마다 발생하나요? _____ 년

2 2012년 이전의 마지막 윤년은 언제였나요? _____ 년

3 2011년부터 2015년까지 총 며칠이 있나요? _____ 일

윤년에는 며칠이 있을까?
모눈을 이용하여 세로셈을 하면
더 쉬울 거야.

칭찬 스티커를 붙이세요.

체크! 체크!
연, 월, 주, 일 사이의 관계를 바르게 계산하여 바꾸었나요? ☐

문제를 다 푼 다음, 32쪽으로!

혼합 문제(1)

기억하자!
각 문제를 주의 깊게 읽고 어떤 계산을 사용해야 할지 결정하세요.

1 정오에는 17℃였고 자정에는 −5℃였어요.
정오와 자정 사이에 온도가 얼마나 떨어졌나요?

_____

> 이런 문제와 퍼즐을 풀면서 수학 실력을 늘릴 수 있어.

2 로직은 어떤 수에 6을 곱했어요. 그 결과를 반올림하여 십의 자리까지 나타내었더니 70이었어요. 반올림은 버림을 했어요.
로직이 처음에 생각한 수는 무엇인가요?

_____

3 빈칸에 알맞은 수를 쓰세요.

```
    천 백 십 일

      4  3 [ ] 5
  + 2  8  3 [ ]
  ─────────────
    7 [ ] 8  2
```

> 이 문제를 해결하기 위해 9m를 9.00m로 쓸 수 있어.

4 헨리는 네 가지 색깔을 사용하여 9m 길이의 직선을 그려요.
다음은 색깔과 길이를 보여 주는 표예요.

색깔	길이
파란색	2.52m
오렌지색	2.13m
초록색	
보라색	1.98m

직선의 초록색 부분은 길이가 얼마인가요? _____

5 쌀 6봉지와 콩 9봉지의 무게가 같아요. 쌀 한 봉지가 1.2kg이면 콩 한 봉지의 무게는 얼마인가요? g으로 답하세요.

기억하자!
어떤 문제는 둘 이상의 계산을 해야 될 수도 있어요.

6 서니사이드 학교의 어린이들은 새로운 체육 장비를 사기 위해 쿠폰 2500장을 모으려고 해요. 지금까지 1293장을 모았다면 얼마나 더 모아야 하나요?

7 참인지, 거짓인지 알맞은 것에 ◯표 하세요.

1 18:15은 저녁 8시에서 $\frac{1}{4}$시간 더 지난 시각이에요.   참   거짓

2 정오에서 반 시간 더 지난 시각은 12:30으로 표시해요.   참   거짓

3 13:50은 오후 2시 10분 전이에요.   참   거짓

8 빈칸에 알맞은 수를 쓰세요.

천	백	십	일
9	4	3	7
−		9		8
3	5	0	

잘했어!
칭찬 스티커를 붙이세요.

체크! 체크!
어림하기나 관계있는 식으로 바꾸어 계산하기를 이용하여 답을 확인해 보세요.

문제를 다 푼 다음, 32쪽으로!

혼합 문제 (2)

기억하자!
계산하기 전에 어림해 보고 덧셈식이나
뺄셈식을 이용하여 답을 확인하세요.

1 빈칸을 알맞게 채우세요.

5609.8	→	반올림하여 10의 자리까지 나타내기	→	
104750	→	반올림하여 100의 자리까지 나타내기	→	
9600.65	→	반올림하여 1000의 자리까지 나타내기	→	

2 식당에서 달걀 75상자를 주문했어요. 한 상자에는
달걀이 12개 들어 있어요. 식당에서 주문한 달걀은
모두 몇 개인가요?

75를 70과 5로
구분해서
계산해도 돼.

3 토비와 그의 쌍둥이 형이 함께 몸무게를
쟀더니 94.48kg이었어요. 토비의
몸무게가 47.16kg이라면 쌍둥이 형의
몸무게는 토비보다 얼마나 더
무거운가요? g으로 나타내세요.

4 정육각형 1개의 둘레는 42cm예요. 이 정육각형 3개를 붙여 새로운 도형을 만들었어요.
새로 만든 도형의 둘레는 얼마인가요?

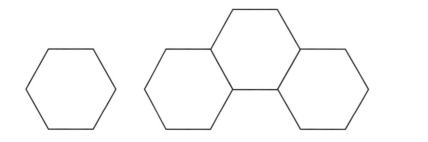

5 지난 화요일 세 나라의 기온을 세 번 잰 결과예요.

기억하자!
덧셈, 뺄셈, 곱셈, 나눗셈 중 어떤 계산을 할지, 어떤 순서로 할지 결정하세요.

나라	기온		
	06:00	14:00	22:00
핀란드	−9℃	2℃	−6℃
이탈리아	16℃	25℃	19℃
이집트	24℃	32℃	27℃

1 오후 2시에 이집트보다 기온이 30℃ 더 낮은 나라는 어디였나요?

_____

2 오후 10시에 이탈리아는 핀란드보다 기온이 얼마나 더 높았나요?

3 기온이 가장 높은 때와 가장 낮을 때의 기온 차는 얼마인가요?
나라와 시각은 상관없이 구해 보세요.

6 숫자 카드 스티커를 사용하여 다음 문제를 풀어 보세요.

1 1000에 가장 가까운 수를 만들어 보세요.

.

2 500에 가장 가까운 수를 만들어 보세요.

.

잘했어!

칭찬 스티커를
붙이세요.

7 사라는 1.8L의 포도주스를 가지고 있었어요. 이것을 60개의 컵에 똑같이 나누어 담았어요. 한 컵에 몇 mL의 주스가 담겼나요?

문제를 다 푼 다음, 32쪽으로!

나의 실력 점검표

얼굴에 색칠하세요.

⊙ 잘할 수 있어요.
⊙ 할 수 있지만 연습이 더 필요해요.
⊙ 아직은 어려워요.

쪽	나의 실력은?	스스로 점검해요!
2~3	자릿값 문제를 풀 수 있어요.	⊙ ⊙ ⊙
4~5	음수와 반올림 문제를 풀 수 있어요.	⊙ ⊙ ⊙
6~7	덧셈 문제를 풀 수 있어요.	⊙ ⊙ ⊙
8~9	뺄셈 문제를 풀 수 있어요.	⊙ ⊙ ⊙
10~11	더 많은 덧셈과 뺄셈 문제를 풀 수 있어요.	⊙ ⊙ ⊙
12~13	곱셈 문제를 풀 수 있어요.	⊙ ⊙ ⊙
14~15	나눗셈 문제를 풀 수 있어요.	⊙ ⊙ ⊙
16~17	측정 문제를 풀 수 있어요.	⊙ ⊙ ⊙
18~19	소수를 이용해 단위를 변환하는 측정 문제를 풀 수 있어요.	⊙ ⊙ ⊙
20~21	화폐 문제를 풀 수 있어요.	⊙ ⊙ ⊙
22~23	더 복잡한 화폐 문제를 풀 수 있어요.	⊙ ⊙ ⊙
24~25	시각과 시간 문제를 풀 수 있어요.	⊙ ⊙ ⊙
26~27	일, 주, 월, 년에 대한 문제를 풀 수 있어요.	⊙ ⊙ ⊙
28~29	혼합 문제를 풀 수 있어요.	⊙ ⊙ ⊙
30~31	좀 더 어려운 문제를 풀 수 있어요.	⊙ ⊙ ⊙

너는 어때?

정답

1-1. 500　　　　　　　　**1-2.** 4516
2. 342.5
3. 0.1이 6개, 0.01이 5개인 수, 0.65
4. 26425원, 26050원, 25725원, 25600원
5-1. 7　　　　　　　　**5-2.** 1
6-1. 359 + 100 = 459(마리)
6-2. 45155
6-3. 110, 1210, 2010, 2210
6-4. 509340
6-5. 7019 → 7119 → 8119
　　　　89230 → 89330 → 90330
　　　　550302 → 550202 → 549202
　　　　10077 → 9977 → 8977

1. −6, −3, −1, 0, 2
2-1. 잘못된 수: −1, 바르게 고친 수: −2
2-2. 잘못된 수: 0, 바르게 고친 수: −1
3. 12
4. −27, −23, −15, 0, 26, 34
5. −10, −2
6-1. 85, 86, 87, 88, 89, 90, 91, 92, 93, 94
6-2. 2909　　　　　　　　**6-3.** 2900
6-4. 5kg, 1kg, 7kg, 4kg
6-5. 50, 100

1. 3 4 57 + 2 512 = 596 9
2. 35.16 + 32.81 = 67.97(km)
3-1. 거짓　　　**3-2.** 참　　　**3-3.** 거짓
4. 68 + 24 = 92 또는 64 + 28 = 92
5. 3149 + 3223 < 3638 + 2833
6. 16.25 + 16.25 + 12.50 + 12.50 = 57.50(m)
7. 20 + 18 + 19 = 57, 9 + 11 + 17 = 37, 57 + 37 = 94(점)
8. 1253 + 932 = 2185, 2185 + 918 = 3103(km)

1. 949000 − 220000 = 729000(원)
2. 1256 − 521 = 735(mL)
3.

	십	일	0.1	0.01
어림값	4	0.	0	0

$$
\begin{array}{r}
& 5 & \overset{8}{\cancel{9}}. & \overset{10}{3} & 4 \\
- & 1 & 7. & 6 & 2 \\
\hline
& 4 & 1. & 7 & 2
\end{array}
$$

4. 3333 − 1111 = 2222,
　　5555 − 3333 = 2222,
　　7777 − 5555 = 2222,
　　9999 − 7777 = 2222
5. 47.54 − 1.32 = 46.22,
　　46.22 − 2.91 = 43.31(초)

1. 505000 + 145000 = 650000,
　　650000 − 237000 = 413000(원)
2. 1360 + 730 = 2090,
　　2090 − 1840 = 250(mm)
3. 7536 − 3130 = 4406,
　　4406 + 2288 = 6694(명)
4. 195 + 47 = 242, 242 − 217 = 25(분)
5. 6192 − 461 = 5731, 5731 + 2915 = 8646(점)
6-1. SQUEEZED = 24점, JAZZILY = 37점, 합 = 61점
6-2. QUIZZED = 31점, AMAZING = 29점, 차 = 2점
7. 답은 여러 가지예요.
　　예) 1525 − 625 + 99 = 999

1. 6 × 8 = 48(개)
2. 12 × 2 × 5 = 120(시간)
3. 9 × 7 = 63(cm)
4. 12 × 11 = 132(cm²)
5. 거짓: 9 × 8 = 72, 11 × 7 = 77, 72 < 77
6. 36
7. 700 × 5 = 3500(g)
8-1. 어림값 180, 21 × 9 = 189(cm)
8-2. 어림값 140, 17 × 7 = 119(개)
8-3. 어림값 1800, 312 × 6 = 1872(km)
8-4. 어림값 2700, 329 × 9 = 2961(g)

1. 54 ÷ 6 = 9(개)
2. 35 ÷ 7 = 5(km)
3. 72 ÷ 9 = 8(m)
4. 18
5. 42 ÷ 6 = 7(cm)
6. 108 ÷ 9 = 12(mL)
7. 96 ÷ 12 = 8(명)
8. 거짓: 111은 11로 나누어떨어지지 않아요.
9. 1100 ÷ 11 = 100(마리)
10. 참
11. 600 ÷ 12 = 50(명)
12. 1440 ÷ 12 = 120, 120 ÷ 6 = 20(g)

1. 128 − 95 = 33(cm)

2. 750 × 4 = 3000(mL), 3000mL = 3L

3. 350 + 589 = 939(km)

4. 720 ÷ 8 = 90(g)

5. $4\frac{1}{2}$m = 4500mm, 4342 + 4500 = 8842(mm)

6. $\frac{1}{2}$m = 50cm, 가로: 50 × 3 = 150(cm),
직사각형 둘레: 50 + 150 + 50 + 150 = 400(cm)

7. $14\frac{1}{4}$kg = 14kg 250g, 27kg + 14kg = 41kg,
275g + 250g = 525g, 41kg 525g

1. 43.21 + 78.58 = 121.79(m)

2. 24.4 × 4 = 97.6(km)

3. 1.810 − 0.605 = 1.205(L)

4. 0.99kg = 990g, 990 ÷ 9 = 110(g)

5. 0.829 − 0.353 = 0.476(km),
0.476km = 476m

6. 1.44kg = 1440g, 1440 ÷ 12 = 120(g)

7. 1200 × 7 = 8400(mL),
8400mL = 8.4L

8. 430.19 + 328.85 + 239.65 = 998.69(km)

9. 0.364 kg = 364g (새끼 고양이),
364 ÷ 2 = 182(g) (거북이),
182 ÷ 2 = 91(g) (햄스터)

1. 750000 + 173000 = 923000(원)

2. 249000 × 3 = 747000(원)

3. 923000 − 747000 = 176000(원)

4. 176000 ÷ 4 = 44000,
44000 + 17000 = 61000(원)

5-1. 32000 × 9 = 288000,
459000 − 288000 = 171000(원)

5-2. 32000 + 29000 = 61000,
1099000 + 61000 = 1160000(원)

5-3. 67000 × 10 = 670000,
1770000 − 670000 = 1100000,
1100000 ÷ 10 = 110000(원)

5-4. 67000 × 2 = 134000,
104000 + 134000 = 238000,
253000 − 238000 = 15000(원)

1. 19730 − 11550 = 8180(원)

2. 83420 + 8180 = 91600(원)

3. 32490 × 3 = 97470(원)

4. 97470 − 91600 = 5870(원)

5-1. 97560 − 38500 − 35620 = 23440(원)

5-2. 210500 × 4 = 842000,
950000 − 842000 = 108000(원)

5-3. 63240 + 37260 = 100500,
100500 ÷ 5 = 20100(원)

5-4. 6990 + 25500 + 13350 = 45840(원)

1-1. >   **1-2.** =   **1-3.** <

2. 2시간 35분

3-1. 참   **3-2.** 거짓   **3-3.** 참

4. 17:05

5. 05:35, 17:35

6-1. 1시간 15분   **6-2.** 2시간 10분

6-3. 18:30

1. 14개월 > 1년 > 360일 > 12주

2. 1주 = 7일, 26 × 7 = 182, 182 + 3 = 185,
200 − 185 = 15(일)

3-1. 9월 4일   **3-2.** 20일

4-1. 참   **4-2.** 거짓   **4-3.** 거짓

5-1. 3월 29일   **5-2.** 일요일

6-1. 4   **6-2.** 2008

6-3. 365 × 4 = 1460, 1460 + 366 = 1826(일)

1. 17 + 5 = 22(℃)

2. 12

3. 43④5 + 283⑦ = 7①82

4. 2.52 + 2.13 + 1.98 = 6.63,
9.00 − 6.63 = 2.37(m)

5. 6 × 1.2 = 7.2, 7.2 ÷ 9 = 0.8(kg), 0.8kg = 800g

6. 2500 − 1293 = 1207(장)

7-1. 거짓   **7-2.** 참   **7-3.** 참

8. 9437 − ⑤9②8 = 350⑨

1. 5610, 104800, 10000

2. 75 × 12 = 900(개)

3. 94.48 − 47.16 = 47.32,
47.32 − 47.16 = 0.16(kg)
0.16kg = 160g

4. 42 ÷ 6 = 7, 14 × 7 = 98(cm)

5-1. 핀란드   **5-2.** 25℃

5-3. 41℃

6-1. 998.87   **6-2.** 476.64

7. 1.8L = 1800mL, 1800 ÷ 60 = 30(mL)

런런 옥스퍼드 수학

5-4 문제 해결

초판 1쇄 발행 2022년 12월 6일
글·그림 옥스퍼드 대학교 출판부 **옮김** 상상오름
발행인 이재진 **편집장** 안경숙 **편집 관리** 윤정원 **편집 및 디자인** 상상오름
마케팅 정지운, 김미정, 신희용, 박현아, 박소현 **국제업무** 장민경, 오지나 **제작** 신홍섭
펴낸곳 (주)웅진씽크빅
주소 경기도 파주시 회동길 20 (우)10881
문의 031)956-7403(편집), 02)3670-1191, 031)956-7065, 7069(마케팅)
홈페이지 www.wjjunior.co.kr **블로그** wj_junior.blog.me **페이스북** facebook.com/wjbook
트위터 @wjbooks **인스타그램** @woongjin_junior
출판신고 1980년 3월 29일 제406-2007-00046호
원제 PROGRESS WITH OXFORD: MATH
한국어판 출판권 ⓒ(주)웅진씽크빅, 2022 **제조국** 대한민국

ISBN 978-89-01-26540-7
ISBN 978-89-01-26510-0 (세트)

잘못 만들어진 책은 바꾸어 드립니다.
주의 1. 책 모서리가 날카로워 다칠 수 있으니 사람을 향해 던지거나 떨어뜨리지 마십시오.
 2. 보관 시 직사광선이나 습기 찬 곳은 피해 주십시오.